AF466136

DU MÊME AUTEUR

RÉPERTOIRE GÉNÉRAL

DES ATTRIBUTIONS ET DE LA COMPÉTENCE

DES MAIRES

ET

DES CONSEILS MUNICIPAUX

EXTRAITS DE LA LÉGISLATION CONCERNANT SPÉCIALEMENT LES MUNICIPALITÉS

PRIX : 4 FRANCS

Bar-le-Duc — Typ. des Célestins — Bertrand

MACHINES A VAPEUR MARINES

ORDONNANCE ROYALE

du 17 janvier 1846

RELATIVE AUX BATEAUX A VAPEUR QUI NAVIGUENT SUR MER

INSTRUCTION MINISTÉRIELLE

du 25 juin 1846

SUR LES MESURES DE PRÉCAUTIONS HABITUELLES A OBSERVER DANS L'EMPLOI DES APPAREILS A VAPEUR PLACÉS A BORD DE BATEAUX QUI NAVIGUENT SUR MER

CIRCULAIRE

du 6 juin 1846

CIRCULAIRE

DU MINISTRE DES TRAVAUX PUBLICS AUX PRÉFETS

du 10 août 1881

PARIS

CHALLAMEL AINÉ, LIBRAIRE-ÉDITEUR

CHARGÉ DE LA VENTE DES CARTES ET INSTRUCTIONS NAUTIQUES DU DÉPÔT DE LA MARINE DE L'ATLAS DES PORTS DE FRANCE, DES CARTES DU DÉPARTEMENT DE LA GUERRE

5, rue Jacob, et rue Furstenberg, 2

1883

ORDONNANCE ROYALE

RELATIVE AUX

BATEAUX A VAPEUR

QUI NAVIGUENT SUR MER

---

17 Janvier 1846

LOUIS-PHILIPPE, etc.

Vu les ordonnances des 2 avril 1823 et 25 mai 1828, sur les bateaux à vapeur (1);

Les rapports de la commission centrale des machines à vapeur établie près de notre ministre des travaux publics;

Notre Conseil d'Etat entendu,

ARTICLE PREMIER. — La construction et l'emploi des bateaux à vapeur français qui naviguent sur mer sont assujettis aux dispositions suivantes.

(1) Voir la note qui accompagne le préambule de l'ordonnance du 23 mai 1843.

TITRE PREMIER

DES PERMIS DE NAVIGATION

SECTION PREMIÈRE. — Formalités préliminaires.

Art. 2. — Aucun bateau à vapeur ne pourra naviguer sur mer sans un permis de navigation (1), et ce indépendamment de l'exécution des conditions imposées à tous les navires de commerce français, tant par le Code de commerce que par les lois et règlements sur la navigation.

Art. 3. — Toute demande en permis de navigation sera adressée, par le propriétaire du bateau, au préfet du département où se trouvera le port d'armement.

Art. 4. — Dans sa demande, le propriétaire fera connaître :

1° Le nom du bateau ;

2° Ses principales dimensions, son tirant d'eau à vide, et sa charge maximum, exprimée en tonneaux de 1.000 kilogrammes ;

3° La force de l'appareil moteur, exprimée en chevaux (le cheval-vapeur étant la force capable d'élever un poids de 75 kilogrammes à un mètre de hauteur dans une seconde de temps) ;

4° La pression, évaluée en nombre d'atmosphères, sous laquelle cet appareil fonctionnera ;

5° La forme de la chaudière ;

6° Le service auquel le bateau sera destiné ;

7° Le nombre maximum des passagers qui pourront être reçus dans le bateau.

Un dessin géométrique de la chaudière sera joint à la demande.

Cette demande sera renvoyée par le préfet à la commission de surveillance instituée conformément à l'article 47 de la présente ordonnance.

(1) Voir les articles 8 et 9 de la loi pénale du 21 juillet 1856.

SECTION II. — Visites et essais des bateaux à vapeur.

Art. 5 (1). — La commission de surveillance visitera le bateau à vapeur, à l'effet de s'assurer :

1° S'il est construit avec solidité, s'il réunit les conditions de stabilité nécessaires pour la navigation maritime, et si l'on a pris toutes les précautions requises pour le cas où il serait destiné à un service de passagers ;

2° Si l'appareil moteur a été soumis aux épreuves voulues, et s'il est pourvu des moyens de sûreté prescrits par la présente ordonnance ;

3° Si la chaudière, en raison de sa forme, du mode de jonction de ses diverses parties, de la nature des matériaux avec lesquels elle est construite, ne présente aucune cause particulière de danger ;

4° Si l'on a pris toutes les précautions nécessaires pour prévenir les chances d'incendie.

Art. 6. — Après la visite, la commission assistera à un essai du bateau à vapeur. Elle vérifiera si l'appareil moteur a une force suffisante pour le service auquel ce bateau sera destiné, et elle constatera :

1° Le tirant d'eau du bateau ;

2° La vitesse du bateau dans les différentes circonstances de l'essai ;

3° Les divers degrés de tension de la vapeur, dans l'appareil moteur, pendant la marche du bateau.

Art. 7. — La commission dressera un procès-verbal de la visite et de l'essai du bateau à vapeur, et adressera ce procès-verbal au préfet du département.

Art. 8. — Si la commission est d'avis que le permis de navigation peut être accordé, elle proposera les conditions auxquelles ce permis pourra être délivré ; elle indiquera notamment les

(1) Voir ci-après la circulaire du 6 juin 1846.

agrès et instruments, et le nombre des embarcations dont le bateau devra être pourvu.

Dans le cas contraire, elle exposera les motifs pour lesquels elle jugera qu'il est convenable de surseoir à la délivrance du permis, ou même de le refuser.

SECTION III. — Délivrance des permis de navigation.

Art. 9. — Si, après avoir reçu le procès-verbal de la commission de surveillance, le préfet reconnaît que le propriétaire du bateau à vapeur a satisfait à toutes les conditions exigées par la présente ordonnance, il délivrera le permis de navigation (1).

Art. 10 (2). — Dans le permis de navigation seront énoncés :

1° Le nom du bateau et le nom du propriétaire;

2° La hauteur de la ligne de flottaison, rapportée à des points de repère invariablement établis à l'avant, à l'arrière et au milieu du bateau;

3° Le service auquel le bateau est destiné ;

4° Le nombre maximum des passagers qui pourront être reçus à bord;

5° La tension maximum de la vapeur exprimée en atmosphères et en fractions décimales d'atmosphère, sous laquelle l'appareil moteur pourra fonctionner ;

6° Les numéros des timbres dont les chaudières, tubes bouilleurs, cylindres et enveloppes de cylindres, auront été frappés, ainsi qu'il est prescrit à l'article 21 ;

7° Le diamètre des soupapes de sûreté et leur charge, telle qu'elle aura été réglée conformément aux articles 26 et 27 ;

8° Le nombre des embarcations, ainsi que les agrès et instruments nécessaires à la navigation maritime, dont ce bateau devra être pourvu.

Le préfet prescrira, en outre, dans le permis, toutes les mesures d'ordre et de police locale nécessaires. Il enverra copie de son arrêté à notre ministre des travaux publics.

(1) Voir l'article 11 de la loi pénale du 21 juillet 1856.
(2) Voir ci-après la circulaire du 6 juin 1846.

Art. 11. — Si le préfet reconnaît, d'après le procès-verbal dressé par la commission de surveillance, qu'il y a lieu de surseoir à la délivrance du permis, ou même de le refuser, il notifiera sa décision au propriétaire du bateau, sauf recours devant notre ministre des travaux publics.

SECTION IV. — Des autorisations provisoires de navigation.

Art. 12. — Si le bateau a été muni de son appareil moteur dans un département autre que celui où il doit entrer en service, le propriétaire devra obtenir, du préfet du premier de ces départements, une autorisation provisoire de navigation pour faire arriver le bateau au lieu de sa destination. La commission de surveillance sera consultée sur la demande.

Section V. — Disposition transitoire.

Art. 13. — Il est accordé aux détenteurs actuels de permis de navigation un délai de trois mois, à dater de la publication de la présente ordonnance, pour se conformer aux dispositions qui précèdent et demander un nouveau permis, qui leur sera délivré, s'il y a lieu, par l'autorité compétente. Passé ce délai, les anciens permis de navigation seront considérés comme non avenus.

TITRE II

DES MACHINES A VAPEUR SERVANT DE MOTEURS AUX BATEAUX

SECTION PREMIÈRE. — Dispositions relatives à la fabrication et au commerce des machines employées sur les bateaux.

Art. 14. — Aucune machine à vapeur, destinée à un service de navigation, ne pourra être livrée par un fabricant, si elle n'a subi les épreuves prescrites ci-après.

Art. 15. — Les épreuves seront faites à la fabrique, par ordre du préfet, sur la déclaration du fabricant.

Art. 16. —Les machines venant de l'étranger devront être pourvues des mêmes appareils de sûreté que les machines d'origine française, et subir les mêmes épreuves. Ces épreuves seront faites au lieu désigné par le destinataire dans la déclaration qu'il devra faire à l'importation.

SECTION II. — Epreuves des chaudières et des autres pièces contenant la vapeur.

Art. 17. — Les chaudières à vapeur, leurs tubes bouilleurs et les réservoirs à vapeur, les cylindres en fonte des machines à vapeur et les enveloppes en fonte de ces cylindres ne pourront, sauf l'exception portée à l'article 25, être établis à bord des bateaux sans avoir été préalablement soumis, par les ingénieurs des mines, ou, à leur défaut, par les ingénieurs des ponts et chaussées, à une épreuve opérée à l'aide d'une pompe à pression (1).

L'usage des chaudières à vapeur et des tubes bouilleurs en fonte est prohibée dans les bateaux à vapeur (2).

Art. 18. — La pression d'épreuve prescrite par l'article précédent sera *triple* (3) de la pression effective, ou autrement de la plus grande tension que la vapeur pourra avoir dans les chaudières, leurs tubes bouilleurs et autres pièces contenant la vapeur, diminuée de la pression extérieure de l'atmosphère.

Art. 19. — On procédera aux épreuves en chargeant les soupapes de sûreté des chaudières de poids proportionnels à la pression effective, et déterminés suivant la règle indiquée en l'article 28.

A l'égard des autres pièces, la charge d'épreuve sera appliquée sur la soupape de la pompe de pression.

(1) Voir l'article 10 de la loi pénale du 21 juillet 1856.

(2) Voir la seconde des notes qui accompagnent l'article 20 de l'ordonnance du 23 mai 1843.

(3) Voir plus loin la circulaire du 10 août 1880.

Art. 20. — L'épaisseur des parois des chaudières cylindriques, en tôle ou en cuivre laminé, sera réglée conformément à la table n° 1 annexée à la présente ordonnance.

L'épaisseur de celles de ces chaudières qui, par leurs dimensions et par la pression de la vapeur, ne se trouveraient pas comprises dans la table, sera déterminée d'après la règle énoncée à la suite de ladite table; toutefois, cette épaisseur ne pourra dépasser 15 millimètres.

Les épaisseurs de la tôle devront être augmentées s'il s'agit de chaudières formées, en partie ou en totalité, de faces planes ou bien de conduits intérieurs, cylindriques ou autres, traversant l'eau ou la vapeur et servant soit de foyers, soit à la circulation de la flamme. Ces chaudières et conduits devront, de plus, être, suivant les cas, renforcés par des armatures suffisantes.

Art. 21. — Après qu'il aura été constaté que les parois des chaudières ont les épaisseurs voulues, et après l'épreuve, on appliquera aux chaudières, à leurs tubes bouilleurs et aux réservoirs de vapeur, aux cylindres en fonte des machines à vapeur et aux enveloppes en fonte de ces cylindres, des timbres indiquant, en nombre d'atmosphères, le degré de tension intérieure que la vapeur ne devra pas dépasser. Ces timbres seront placés de manière qu'ils soient toujours apparents.

Art. 22. — L'épreuve sera renouvelée, après l'installation de la machine dans le bateau, 1° si le propriétaire la réclame; 2° s'il y a eu, pendant le transport ou lors de la mise en place, quelques avaries; 3° s'il a été fait à la chaudière des modifications ou réparations quelconques depuis la première épreuve; 4° si la commission de surveillance le juge utile.

Art. 23. — Les chaudières à vapeur, leurs tubes bouilleurs et autres pièces contenant la vapeur devront être éprouvés de nouveau toutes les fois qu'il sera jugé nécessaire par les commissions de surveillance (1).

Quand il aura été fait aux chaudières et autres pièces des chau-

(1) Voir la note qui accompagne l'article 26 de l'ordonnance du 23 mai 1843.

gements ou réparations notables, les propriétaires des bateaux à vapeur seront tenus d'en donner connaissance au préfet. Il sera nécessairement procédé, dans ce cas, à de nouvelles épreuves.

Art. 24. — L'appareil et la main-d'œuvre nécessaires pour les épreuves seront fournis par les propriétaires des machines et des chaudières à vapeur.

Art. 25. — Les chaudières qui auront des faces planes seront dispensées de l'épreuve, mais sous la condition que la force élastique, ou la tension de la vapeur ne devra pas s'élever, dans l'intérieur de ces chaudières à plus d'*une atmosphère et demie*.

SECTION III. — Des appareils de sûreté dont les chaudières à vapeur doivent être munies.

---

§ 1er. DES SOUPAPES DE SURETÉ

Art. 26. — Il sera adapté à la partie supérieure de chaque chaudière deux soupapes de sûreté. Ces soupapes seront placées vers chaque extrêmité de la chaudière, et à la plus grande distance possible l'une de l'autre (1).

Le diamètre des orifices de ces soupapes sera réglé d'après la surface de chauffe de la chaudière et la tension de la vapeur dans son intérieur, conformément à la table n° 2, annexée à la présente ordonnance.

Art. 27. — Chaque soupape sera chargée d'un poids unique agissant soit directement, soit par l'intermédiaire d'un levier.

Chaque poids recevra l'empreinte d'un poinçon, apposée par la commission de surveillance. Les leviers seront également poinçonnés, s'il en est fait usage. La quotité du poids et la longueur du levier seront énoncées dans le permis de navigation.

(1) Voir plus loin la circulaire du 10 août 1880.

Art. 28. — La charge maximum de chaque soupape de sûreté sera déterminée en multipliant 1 kil., 033 par le nombre d'atmosphères mesurant la pression effective, et par le nombre de centimètres carrés mesurant l'orifice de la soupape.

La largeur de la surface annulaire de recouvrement ne devra pas dépasser la trentième partie du diamètre de la surface circulaire exposée directement à la pression de la vapeur, et cette largeur, dans aucun cas, ne devra excéder deux millimètres.

Art. 29.— Il sera de plus adapté à la partie supérieure des chaudières à faces planes, dont il est fait mention à l'article 25, une soupape atmosphérique, c'est-à-dire ouvrant du dehors au dedans.

§ 2. DES MANOMÈTRES

Art. 30. — Chaque chaudière sera munie d'un manomètre à mercure, gradué en atmosphères et en fractions décimales d'atmosphères, de manière à faire connaître immédiatement la tension de la vapeur dans la chaudière.

Le tuyau qui amènera la vapeur au manomètre sera adapté directement sur la chaudière, et non sur le tuyau de prise de vapeur ou sur tout autre tuyau dans lequel la vapeur serait en mouvement.

Le manomètre sera placé en vue du chauffeur.

Art. 31. — On fera usage du manomètre à air libre, c'est-à-dire ouvert à sa partie supérieure, toutes les fois que la pression effective de la vapeur ne dépassera pas deux atmosphères.

Art. 32. — On tracera sur l'échelle de chaque manomètre, d'une manière très apparente, une ligne qui répondra au numéro de cette échelle que le mercure ne devra pas habituellement dépasser.

§ 3. DE L'ALIMENTATION ET DES INDICATEURS DU NIVEAU DE L'EAU DANS LES CHAUDIÈRES

Art. 33. — Chaque chaudière sera munie d'une pompe alimentaire, bien construite et en bon état d'entretien.

Indépendamment de cette pompe, mise en mouvement par la machine motrice du bateau, chaque chaudière sera pourvue d'une autre pompe, pouvant fonctionner soit à l'aide d'une machine particulière soit à bras d'homme, et destinée à alimenter la chaudière, s'il en est besoin, lorsque la machine motrice du bateau ne fonctionnera pas.

Art. 34. — Le niveau que l'eau doit avoir habituellement dans la chaudière sera indiqué, à l'extérieur, par une ligne tracée, d'une manière très apparente, sur le corps de la chaudière ou sur le parement du fourneau.

Cette ligne sera d'un décimètre au moins au-dessus de la partie la plus élevée des carneaux, tubes ou conduits de la flamme et de la fumée dans le fourneau.

Art. 35. — Il sera adapté à chaque chaudière, 1° deux tubes indicateurs en verre, qui seront placés un à chaque côté de la face antérieure de la chaudière ; 2° l'un des deux appareils suivants, savoir : un flotteur d'une mobilité suffisante, des robinets indicateurs convenablement placés à des niveaux différents. Les appareils indicateurs seront, dans tous les cas, disposés de manière à être en vue du chauffeur.

SECTION IV. — Des chaudières multiples.

Art. 36. — Si plusieurs chaudières sont établies dans un bateau, elles ne pourront être mises en communication que par les parties toujours occupées par la vapeur, et cette communication sera disposée de manière que les chaudières puissent, au besoin, être rendues indépendantes les unes des autres.

Dans tous les cas, chaque chaudière sera alimentée séparément, et devra être munie de tous les appareils de sûreté prescrits par la présente ordonnance.

SECTION V. — De l'emplacement des appareils moteurs.

Art. 37. — L'emplacement des appareils moteurs devra être

assez grand pour qu'on puisse facilement faire le service des chaudières et visiter toutes les parties des appareils.

Cet emplacement sera séparé des salles des passagers par des cloisons en planches, très solidement construites et entièrement revêtues d'une doublure en feuilles de tôle, à recouvrement, d'un millimètre d'épaisseur au moins (1).

TITRE III

DES ÉQUIPAGES ET DU SERVICE DES BATEAUX A VAPEUR

Art. 38. — Indépendamment du capitaine, maître ou timonier et des matelots formant l'équipage, il y aura, à bord de chaque bateau, au moins un mécanicien et autant de chauffeurs que le service de l'appareil moteur l'exigera.

Art. 39. — Le capitaine, indépendamment du brevet soit de capitaine au long cours, soit de maître au cabotage, dont il devra être pourvu en raison de la destination du bâtiment, devra, conformément au mode qui sera déterminé par notre ministre des travaux publics (2), justifier qu'il possède les connaissances nécessaires pour diriger la marche d'un bâtiment à vapeur et surveiller les opérations du mécanicien.

Art. 40. — Nul ne pourra être employé en qualité de mécanicien, s'il ne produit des certificats de capacité, délivrés dans les formes qui seront déterminées par notre ministre des travaux publics (3).

Art. 41. — Le mécanicien, sous l'autorité du capitaine, présidera à la mise en feu avant le départ; il entretiendra toutes les parties de l'appareil moteur; il s'assurera qu'elles fonctionnent bien, et que les chauffeurs sont en état de bien faire leur service.

(1) Voir ci-après la circulaire du 6 juin 1846.

(2) *Idem.*

(3) Voir ci-après la circulaire du 6 juin 1846; voir aussi l'article 12 de la loi pénale du 21 juillet 1856.

Pendant le voyage, il dirigera les chauffeurs et s'occupera constamment de la conduite de la machine.

Art. 42. — Le capitaine inscrira, sur le journal de bord, toutes les circonstances relatives à la marche de l'appareil moteur qui seront dignes de remarque.

Art. 43. — Il est défendu aux propriétaires de bateaux à vapeur et à leurs agents de faire fonctionner les appareils moteurs sous une pression supérieure à la pression déterminée dans le permis de navigation, et de rien faire qui puisse détruire ou diminuer l'efficacité des moyens de sûreté dont ces appareils seront pourvus.

Art. 44. — Il est interdit de laisser aucun passager s'introduire dans l'emplacement de l'appareil moteur.

Art. 45. — Il sera ouvert, dans chaque bateau, un registre dont toutes les pages seront cotées et paraphées par le maire de la commune où est situé le port d'armement, et sur lequel les passagers auront la faculté de consigner leurs observations en ce qui pourrait concerner le départ, la marche du bateau, les avaries ou accidents quelconques, et la conduite de l'équipage : ces observations devront être signées par les passagers qui les auront faites. Le capitaine pourra également consigner sur ce registre les observations qu'il jugerait convenables, ainsi que tous les faits qu'il lui paraîtrait important de faire attester par les passagers.

Art. 46. — Dans chaque salle où se tiennent les passagers, il sera affiché une copie du permis de navigation et un tableau indiquant :

1° La durée moyenne des voyages ;

2° La durée des relâches ;

3° Le nombre maximum des passagers ;

4° La faculté qu'ils ont de consigner leurs observations sur le registre ouvert à cet effet ;

5° Le tarif des places.

TITRE IV

DE LA SURVEILLANCE ADMINISTRATIVE DES BATEAUX A VAPEUR

ART. 47. — Une commission de surveillance sera instituée, par le préfet du département, dans chaque port où la navigation à la vapeur est en usage.

Les ingénieurs des mines et les ingénieurs des ponts et chaussées en résidence dans les ports, les officiers du génie maritime, le commissaire ou préposé à l'inscription maritime, et le capitaine, lieutenant ou maître de port résidant sur les lieux, feront nécessairement partie de ces commissions.

ART. 48. — Les commissions de surveillance, indépendamment des fonctions qui leur sont attribuées par les articles 5, 6, 7 et 8 ci-dessus, visiteront les bateaux à vapeur au moins tous les trois mois, et chaque fois que le préfet le jugera convenable.

Les membres de ces commissions pourront, en outre, faire individuellement des visites plus fréquentes.

ART. 49. — La commission de surveillance s'assurera, dans ses visites, que les mesures prescrites par la présente ordonnance et par le permis de navigation sont exécutées.

Elle constatera l'état de l'appareil moteur et celui du bateau ; elle se fera représenter le journal de bord et le registre destiné à recevoir les observations des passagers.

ART. 50. — La commission adressera au préfet le procès-verbal de chacune de ces visites. Dans ce procès-verbal, elle consignera ses propositions sur les mesures à prendre, si l'appareil moteur ou le bateau ne présentent plus des garanties suffisantes de sûreté.

ART. 51. — Sur les propositions de la commission de surveillance, le préfet ordonnera, s'il y a lieu, la réparation ou le remplacement de toutes les pièces de l'appareil moteur ou du bateau dont un plus long usage présenterait des dangers. Il pourra suspendre le permis de navigation jusqu'à l'entière exécution de ces mesures ; il révoquera le permis, si la machine ou le bateau sont déclarés hors de service par la commission.

ART. 52. — Dans tous les autres cas où, par suite de l'inexécution des dispositions de la présente ordonnance, la sûreté publique serait compromise, le préfet suspendra, et au besoin révoquera le permis de navigation.

ART. 53. — Les préfets prescriront, dans chaque port de commerce, les dispositions nécessaires pour éviter les accidents auxquels le stationnement, le départ et l'arrivée des bateaux à vapeur pourraient donner lieu. Dans les ports militaires, il sera pourvu à ces dispositions par les préfets maritimes.

ART. 54. — Les maires, adjoints ou commissaires de police, les officiers et maîtres de port, les inspecteurs de la navigation, exerceront une surveillance de police journalière sur les bateaux à vapeur, tant aux points de départ et d'arrivée qu'aux lieux de relâche intermédiaires.

ART. 55. — Si, avant le départ ou après l'arrivée, il était survenu des avaries de nature à compromettre la sûreté de la navigation, l'autorité chargée de la police locale pourra suspendre la marche du bateau ; elle devra sur-le-champ en informer le préfet.

En cas d'accident, elle se transportera immédiatement sur les lieux, et le procès-verbal qu'elle dressera de sa visite sera transmis au préfet et, s'il y a lieu, au procureur du roi.

La commission de surveillance se rendra aussi sur les lieux, sans délai, pour visiter les appareils moteurs, en constater l'état et rechercher la cause de l'accident : elle adressera, sur le tout, un rapport au préfet.

ART. 56. — Dans chaque port des colonies françaises, la surveillance dont les articles ci-dessus font mention sera exercée par une commission spéciale nommée à cet effet par le gouverneur ou le commandant de la colonie (1).

Art. 57. — La même surveillance sera exercée, dans les ports étrangers, par les soins des consuls et agents consulaires français, assistés de tels hommes de l'art qu'ils jugeront à propos de désigner. Le capitaine devra représenter au consul, en même temps qu'il lui fera le rapport exigé par l'article 244 du Code de commerce (2), le permis de navigation qui lui aura été délivré.

Les hommes de l'art qui seront chargés, dans les ports étrangers, de procéder aux visites et vérifications prescrites par la présente ordonnance, recevront des frais de vacation. Les dispositions qu'il serait nécessaire d'ajouter, à cet égard, au tarif des chancelleries, fixé par notre ordonnance du 6 novembre 1842 (3), seront, pour chaque port, arrêtées par notre ministre des affaires étrangères, sur la proposition du consul, conformément à l'article 3 de ladite ordonnance.

TITRE V

DISPOSITIONS GÉNÉRALES

Art. 58. — Si, à raison du mode particulier de construction de certaines machines ou chaudières à vapeur, l'application à ces

(1) Des commissions ont ainsi été établies en Algérie, en vertu d'un arrêté du gouverneur général, en date du 17 juillet 1848; elles sont chargées de s'assurer que les bateaux à vapeur du commerce français, qui stationnent dans les ports de la colonie, possèdent toutes les garanties de construction, de stabilité, d'armement, et les appareils de sûreté exigés par l'ordonnance.

(2) Livre II. Du commerce maritime. — Titre IV. Du capitaine.

Art. 244. — Si le capitaine aborde dans un port étranger, il est tenu de se présenter au consul de France, de lui faire un rapport et de prendre un certificat constatant l'époque de son arrivée et de son départ, l'état et la nature de son chargement.

(3) Ordonnance royale portant fixation du tarif des droits à percevoir dans les chancelleries consulaires.

Art. 3. — Les taxations des actes particuliers à certaines localités, et dont l'énonciation n'était pas susceptible d'être comprise dans la nomenclature du tarif général des chancelleries consulaires, seront soumises par nos consuls, sous forme de tarif annexé, à l'approbation de notre ministre secrétaire d'Etat au département des affaires étrangères.

machines ou chaudières d'une partie des mesures de sûreté prescrites par la présente ordonnance devenait inutile, le préfet, sur le rapport de la commission de surveillance, déterminera les conditions sous lesquelles ces appareils seront autorisés. Dans ce cas, les permis de navigation ne seront délivrés par le préfet que lorsqu'ils auront reçu l'approbation du ministre des travaux publics.

Art. 59. — Les propriétaires de bateaux à vapeur seront tenus d'adapter aux machines et chaudières employées dans ces bateaux les appareils de sûreté qui pourraient être découverts par la suite, et qui seraient prescrits par des règlements d'administration publique.

Art. 60. — Il sera publié, par notre ministre secrétaire d'État au département des travaux publics, une instruction sur les mesures de précaution habituelles à observer dans l'emploi des machines et des chaudières à vapeur établies sur des bateaux (1).

Cette instruction devra être affichée à demeure dans l'emplacement où se trouvent ces machines et chaudières.

Art. 61. — La navigation et la surveillance des bateaux à vapeur de l'État sont régies par des dispositions spéciales.

Art. 62. — Les ordonnances royales des 2 avril 1823 et 25 mai 1828, concernant les bateaux à vapeur et les machines et les chaudières à vapeur employées sur les bateaux, sont rapportées.

Art. 63. — Nos ministres secrétaires d'État aux départements des travaux publics, des affaires étrangères, de la guerre, de la marine et des colonies, sont chargés, chacun en ce qui le concerne, de l'exécution de la présente ordonnance, qui sera insérée au *Bulletin des lois*.

(1) Voir ci-après cette Instruction, en date du 5 juin 1846.

INSTRUCTION MINISTÉRIELLE

SUR LES MESURES DE PRÉCAUTION HABITUELLES A OBSERVER DANS L'EMPLOI DES APPAREILS A VAPEUR PLACÉS A BORD DES BATEAUX QUI NAVIGUENT SUR MER

(5 juin 1846)

§ 1er DE LA MISE EN FEU ET DU DÉPART

Avant le départ, le capitaine, accompagné du chef mécanicien, a dû s'assurer que les chaudières, la machine à vapeur, l'appareil propulseur et tous les mécanismes intermédiaires sont parfaitement en ordre, et que le bâtiment est convenablement approvisionné de combustible.

Le capitaine ayant donné, par l'intermédiaire du chef mécanicien, l'ordre de chauffer, et les chaudières étant remplies d'eau jusqu'au niveau normal, accusé par les indicateurs du niveau, le chauffeur allume les fourneaux en plaçant sur la grille une légère couche de charbon, sur laquelle il met du bois qu'il recouvre d'une autre couche mince de charbon. Il allume ainsi à petit feu, et modère d'abord le tirage, au moyen du registre de la cheminée, afin que les parois des foyers n'éprouvent pas des variations brusques de température, qui pourraient occasionner des fissures dans les tôles ou des fuites à l'endroit des rivets. Quand la première charge de combustible est bien embrasée, il charge de nouveau et pousse le feu avec une activité croissante. Quand la vapeur commence à monter en pression, ce qui est indiqué par le manomètre, le chauffeur soulève une des soupapes de sûreté ou bien ouvre un robinet particulier, pour donner issue à l'air contenu dans la chaudière; il ferme cet orifice lorsque la vapeur, sortant abondamment, indique que les chaudières sont purgées d'air. Il conduit son feu de manière à ce que la pression de la vapeur soit près de sa limite supérieure à l'instant où commenceront les manœuvres du départ. Le mécanicien préside lui-même à ces manœuvres. Aussitôt qu'il a reçu l'ordre de s'y préparer, il envoie la vapeur à la machine, de manière à l'échauffer et à la purger d'air et d'eau. Il balance la machine, en lui faisant faire lentement quelques tours en avant et en arrière, et s'assure ainsi qu'il pourra la lancer à l'instant même du commandement.

Pendant toute la durée des manœuvres nécessaires au départ, le mécanicien gouverne lui-même la machine à la main ; ce n'est qu'au commandement de *machine en route*, qu'il embraye définitivement le levier de l'excentrique avec la poignée de la manivelle qui transmet le mouvement au tiroir de distribution. Il règle ensuite l'ouverture de la soupape à gorge ou registre d'admission de la vapeur, ainsi que celle de la soupape d'injection. Il veille à ce que les feux soient poussés avec l'activité convenable pour obtenir la production de vapeur qu'exige la marche de la machine.

§ 2. DE LA CONDUITE DES APPAREILS ET DES DEVOIRS DU MÉCANICIEN PENDANT LA MARCHE

Les chaudières des bateaux à vapeur qui sont alimentées avec l'eau de mer exigent des précautions particulières, indépendamment de celles qui sont communes à toutes les chaudières à vapeur.

Dans l'intérêt de l'économie de combustible, les feux doivent être conduits, autant que possible, de manière à ce que le manomètre accuse une pression voisine de celle qui correspond à la charge des soupapes de sûreté, et que la vapeur ne soulève jamais ces soupapes : cela exige que l'activité du feu soit réglée en raison de la vitesse des pistons des machines.

On doit veiller constamment à ce que les soupapes n'adhèrent pas à leurs sièges ; que les tuyaux du manomètre, des robinets et des tubes en verre indicateurs du niveau de l'eau, ne soient pas obstrués par des dépôts de sel ; que les pompes alimentaires soient constamment en ordre, et que la chaudière soit alimentée d'eau de manière à ce que les parois correspondantes aux surfaces de chauffe demeurent toujours baignées d'eau. On doit s'assurer si la condensation se fait bien : il est bon qu'à cet effet un baromètre, accusant le degré du vide, soit adapté au condenseur ; à défaut de cet appareil, on jugera de la chaleur du condenseur en appliquant la main sur les parois extérieures. La température de ces parois ne doit pas dépasser celle du lait tiède. Ce sont là des soins qu'exigent les machines et chaudières en général, mais surtout celles qui sont alimentées avec l'eau de mer. Une précaution particulière à celles-ci, et qui est indispensable pour prévenir les dépôts de sel marin dans leur intérieur ou dans les tuyaux qui y sont embranchés, consiste dans les extractions d'eau salée. L'eau salée pourrait être extraite, d'une manière continue, de certaines chaudières où des dispositions seraient prises pour obtenir une circulation intérieure, qui aurait pour effet d'amener l'eau, à mesure que sa densité augmenterait en même temps que son degré de salure, vers un ou plusieurs points, où elle serait évacuée par des conduits se réunissant en un seul, qui serait pourvu d'un robinet pour régler la quantité d'eau évacuée. Mais une extraction régulière et continue d'eau salée doit être combinée avec des dispositions propres à déterminer une circulation intérieure, et qui ne se trouvent pas en général dans les chaudières. Les extractions d'eau sont, en conséquence, intermittentes. Elles sont aujourd'hui opérées le plus souvent par des pompes particulières, mues par la machine même, et qui extraient, à chaque coup de piston, un volume d'eau qui est dans un rapport déterminé, 1 à 3 ou même 1 à 2, avec le volume introduit par la pompe alimentaire. Lorsque ces pompes n'existent pas, les extractions doivent être opérées à des intervalles réguliers par les chauffeurs ; ils ouvrent à cet effet le robinet de vidange, et le maintiennent ouvert jusqu'à ce que le niveau de l'eau, accusé par les indicateurs, ait baissé d'une certaine quantité. Le robinet étant fermé, le niveau de l'eau est ramené à sa hauteur normale par l'alimentation. Il est convenable que les extractions soient peu abondantes et fréquemment renouvelées, de demi-heure en demi-heure au moins.

Les extractions d'eau préviennent les dépôts de sel marin. Pour éviter que les sels calcaires, qui se séparent de l'eau par l'évaporation, forment des incrustations adhérentes aux parois, on injecte dans la chaudière, au moyen de la pompe alimentaire mue à bras ou d'une des pompes de la cale, des matières qui ont la propriété de mantenir ces dépôts à l'etat de boue sans consistance. Plusieurs substances ont été essayées sur les bâtiments de la marine royale : l'argile, bien épurée de matières étrangères, paraît être celle qui a jusqu'ici donné les meilleurs résultats. Les matières tinctoriales mêlées à l'eau ont bien réussi dans des chaudières de machines fonctionnant à terre, et pourraient être essayées à la mer. Quelle que soit, au reste, la substance employée, le mécanicien devra veiller à ce que l'on remplace dans la chaudière les parties de cette substance qui sont entraînées par les extractions d'eau.

On aura soin de nettoyer les cendriers et d'en retirer les cendres et les escarbilles, assez souvent pour que l'accès de l'air demeure libre et que le tirage des foyers n'éprouve pas de ralentissement.

Le mécanicien, quand il ne conduit pas lui-même la machine, doit s'assurer, par des visites fréquentes, que toutes les précautions nécessaires sont observées. Il veille aussi à ce que les pièces de la machine soient convenablement lubrifiées, que les clavettes soient serrées, etc.; souvent le serrage des clavettes suffit pour empêcher des chocs qui nuisent autant à l'effet utile qu'à la conservation même de la machine.

Les soupapes ne doivent, dans aucun cas, être surchargées.

Si l'on venait à s'apercevoir que le niveau moyen de l'eau dans la chaudière s'est abaissé, accidentellement, au-dessous de la partie supérieure des conduits de la flamme et de la fumée, le mécanicien ouvrirait immédiatement les portes du foyer pour ralentir la combustion et faire tomber la flamme; il se garderait de soulever les soupapes de sûreté, préviendrait le capitaine, et laisserait les portes du foyer ouvertes, sans charger de combustible sur la grille, jusqu'à ce que l'alimentation eût ramené le niveau de l'eau, dans l'intérieur de la chaudière, à sa hauteur habituelle.

Le mécanicien inscrira sur un registre, qu'il remettra chaque jour au capitaine, toutes les circonstances relatives à la marche de l'appareil moteur, et notamment les dérangements qui auraient pu avoir lieu dans les diverses pièces des mécanismes ou dans les chaudières, ainsi que les réparations qui auraient été faites à bord ou qui devraient être faites à terre dans le premier lieu de relâche.

Le capitaine transcrira les indications données par le mécanicien sur le journal du bord, après les avoir vérifiées au besoin.

§ 3. DE L'ARRIVÉE ET DES RELACHES

Lorsque l'on est près d'arriver au mouillage, le mécanicien, sur l'ordre du capitaine, doit prendre lui-même la direction de la machine. Il laisse ralentir les feux de manière à ne conserver que la vapeur nécessaire pour l'arrivée.

La machine étant définitivement arrêtée, et l'ordre d'éteindre les feux donné par le capitaine, le mécanicien, avant de nettoyer les grilles, fait boucher soigneusement les trous de graissage des tiges des pistons et des tiroirs, ainsi que toutes les autres parties dans lesquelles les cendres qui sont soulevées lors de l'extinction des feux pourraient venir se loger. Puis il fait éteindre les feux et opère, au moyen de la pression de la vapeur, une forte extraction de l'eau de la chaudière. Toutefois cette extraction ne doit pas être assez abondante pour mettre à nu les parois du foyer, parce qu'il pourrait en résulter, par suite de la variation brusque de la température, des dilatations inégales et capables soit de fissurer les tôles, soit d'occasionner la rupture de quelques armatures ou la disjonction des parties dont la chaudière se compose. Aussitôt que l'eau restant dans l'intérieur est suffisamment refroidie (et l'on peut hâter le refroidissement par une injection d'eau froide, après une extraction modérée, ainsi qu'il est dit ci-dessus), on ouvre le trou d'homme, on vide complètement la chaudière, et on procède au nettoyage des grilles, des conduits de fumée, ainsi que de l'intérieur de la chaudière. On nettoie aussi et l'on fourbit les pièces de la machine, pendant qu'elles sont encore chaudes ; on visite toutes les pièces mobiles, on resserre, on refait les garnitures ; enfin on remet en ordre, on remplace, on répare au besoin toutes les parties de la machine dérangées ou détériorées.

Le mécanicien préside à tout le travail, et le capitaine s'assure qu'il est fait avec soin.

Les mêmes précautions seront observées aux lieux de relâche, que le bâtiment ne doit pas quitter sans qu'il ait été reconnu par le capitaine que les chaudières et toutes les parties de l'appareil moteur sont en ordre.

Si les machines doivent être arrêtées pendant la traversée pour nettoyer les chaudières, ou pour toute autre cause, on procédera à l'extinction des feux en prenant les précautions indiquées ci-dessus pour l'arrivée au mouillage.

CIRCULAIRE

DU MINISTRE DES TRAVAUX PUBLICS AUX PRÉFETS

(6 juin 1846)

Envoi de l'ordonnance du 17 janvier 1846.

J'ai l'honneur de vous transmettre l'ordonnance du 17 janvier dernier, portant règlement pour les bateaux à vapeur qui naviguent sur mer.

Instructions relatives à son exécution.

Ces bateaux étaient soumis, indépendamment des conditions imposées à tous les navires de commerce français, tant par le code de commerce que par les lois et règlements sur la navigation, aux mêmes mesures que ceux qui naviguaient sur les fleuves et rivières ; les uns et les autres étaient régis par les deux ordonnances des 2 avril 1823 et 25 mai 1828.

Les mesures de sûreté applicables aux appareils à vapeur servant à la navigation sont, en effet, les mêmes sur les fleuves et sur mer; mais il n'en est pas ainsi de celles qui sont relatives à la construction, à l'armement et aux équipages des bateaux, aux heures de départ, au mode de surveillance, etc.

Il était donc nécessaire que la navigation à vapeur maritime et la navigation à vapeur sur les fleuves et rivières fussent l'objet de deux règlements d'administration publique distincts. L'ordonnance du 23 mai 1843 régit la navigation fluviale ; celle du 17 janvier 1846 contient les prescriptions applicables à la navigation maritime.

Ces deux ordonnances ont toutefois beaucoup de dispositions qui leur sont communes. Pour celles-là, je me réfère à la circulaire du 26 juillet 1843, et je me bornerai ici à signaler à votre attention les conditions qui se rapportent particulièrement à la navigation en mer.

Les permis de navigation maritime seront délivrés, comme les permis de navigation fluviale, après l'examen et sur le rapport des commissions de surveillance instituées dans les ports de mer où se trouvera le siège de l'entreprise. Il est indispensable que ces commissions possèdent des connaissances relatives à la bonne construction, à la stabilité et à l'armement des bâtiments qui naviguent en mer, aussi bien que sur les appareils à vapeur. L'article 47 désigne, en conséquence, comme devant en faire nécessairement partie, non seulement les ingénieurs des mines et les ingénieurs des ponts et chaussées en résidence dans les ports, mais encore les officiers du génie maritime, le commissaire ou préposé à l'inscription maritime, et le capitaine, lieutenant ou maître de port résidant sur les lieux.

Les commissions de surveillance aujourd'hui instituées dans les ports de mer de votre département devront être complétées par l'adjonction des personnes désignées ci-dessus, si déjà elles n'en font partie.

Dans les ports où il n'en existe point encore et où il serait nécessaire d'en établir, il conviendra d'y appeler, à défaut des fonctionnaires qui viennent d'être indiqués, des personnes réunissant les connaissances nautiques nécessaires, comme des constructeurs de bâtiments du commerce, des officiers de marine en retraite, etc.

— L'article 5 de l'ordonnance énonce les points principaux sur lesquels les commissions devront fixer leur attention, dans la visite qu'elles feront des bateaux, lors de la demande du permis de navigation. Elles auront à s'assurer d'abord de la solidité et de la stabilité du bâtiment : le défaut de solidité dans la construction ou de proportions convenables dans la forme de la coque des bâtiments à vapeur naviguant sur mer ont, en effet, donné lieu à autant de sinistres que les vices de construction ou la mauvaise conduite des appareils à vapeur. Les commissions pourront, dans l'examen du navire, se faire assister de constructeurs ou telles autres personnes qu'elles jugeraient utile de consulter. Elles pourront aussi demander l'exhibition des contrats faits par les armateurs avec les constructeurs du navire, contrats dans lesquels sont généralement stipulées les dimensions et la nature des matériaux en bois et fer employés à la construction de la coque. Elles ne perdront pas de vue que les incendies, qui sont une cause de danger excessivement grave dans la navigation maritime, ont assez souvent pris naissance dans les soutes à charbon. Elles devront, en consequence, s'assurer si ces soutes sont disposées de manière à ce que l'inflammation des charbons ne puisse pas être provoquée par la chaleur des fourneaux, si elles peuvent être complètement nettoyées, et enfin si, dans le cas où les charbons y prendraient feu spontanément, comme on en a eu des exemples, ou par une cause quelconque, il serait possible d'étouffer l'incendie et de l'empêcher de se propager. Les chaudières devront toujours être séparées des soutes à charbon ou des murailles du navire par un espace libre suffisant pour que ces chaudières puissent être visitées extérieurement, ou pour que la chaleur qui en émane ne puisse pas déterminer l'inflammation des charbons ou la carbonisation des bois du navire.

— L'isolement où le local de l'appareil moteur doit être de la salle des passagers, comme le prescrit l'article 37 de l'ordonnance, est une chose très essentielle ; il serait même utile que les cloisons de séparation fussent imperméables à l'eau. La division d'un bâtiment à vapeur en plusieurs compartiments, cinq en général, par de fortes cloisons en tôle imperméables à l'eau a été recommandée par des hommes très compétents en cette matière, et appliquée avec avantage par de grandes compagnies anglaises propriétaires de paquebots à vapeur, notamment par la compagnie des paquebots de *la Cité de Dublin*, dont le siège est à Liverpool.

Cette division en compartiments est un moyen de sûreté en cas de collision contre un autre navire, de choc contre un écueil, ou de tout autre accident qui déterminerait une voie d'eau considérable. Elle donne le moyen de limiter, de combattre et d'étouffer les incendies qui viendraient à se déclarer.

— On n'exige point que les permis de navigation pour les bâtiments qui naviguent sur mer soient renouvelés annuellement. Le renouvellement du permis à des époques fixes n'aurait pas, en effet, été toujours praticable pour des bâtiments qui peuvent faire de longues traversées. Mais des visites fréquentes, et renouvelées au moins tous les trois mois (art. 48), devront être faites dans les ports par les commissions de surveillance, qui constateront l'état de l'appareil moteur et celui du bateau.

Il sera aussi fort nécessaire qu'elles visitent les bâtiments qui auront exécutés des voyages de long cours, aussitôt après leur rentrée au port. Elles se feront représenter le journal de bord, où le capitaine aura consigné, conformément à l'article 42, toutes les circonstances relatives à la marche de l'appareil moteur qui seront dignes de remarque. Les procès-verbaux des visites des commissions de surveillance vous mettront à même d'ordonner les réparations nécessaires, de suspendre ou même de révoquer, conformément aux articles 51 et 52 de l'ordonnance, le permis de navigation, si la sûreté des passagers n'était pas suffisamment garantie.

C'est surtout après quelques années de service que les inspections fréquentes et sévères du bâtiment et des chaudières deviennent nécessaires. Il faut principalement visiter les murailles du navire dans la partie voisine des chaudières. La chaleur continuelle, à laquelle la doublure intérieure est exposée, a pu altérer les bois au point de leur enlever leur solidité, surtout si l'on n'a pas pris toutes les précautions convenables pour les préserver. Les chaudières, après quatre ou cinq ans de service à la mer, sont très usées, si elles n'ont pas été entretenues avec un soin minutieux ; elles ont besoin de réparations fréquentes, ou même d'être entièrement renouvelées.

Le départ des bateaux qui naviguent sur mer a lieu généralement, dans nos ports de l'Océan, à marée haute. Les départs sont d'ailleurs souvent retardés par suite de l'état de l'atmosphère. L'autorité locale n'a donc point à fixer les heures de départ; mais, conformément à l'article 53, les mesures nécessaires pour éviter les accidents auxquels pourraient donner lieu le stationnement, le départ et l'arrivée des bateaux à vapeur, l'embarquement et le débarquement des passagers, seront prescrites par les préfets, dans les ports de commerce, et par les préfets maritimes, dans les ports militaires.

Des dispositions doivent être prises, dans les ports de commerce ou dans les ports militaires fréquentés, afin d'éviter les abordages, qui sont une cause si fréquente d'accidents graves : à cet effet, il est indispensable d'arrêter un système régulier de fanaux pour l'éclairage de nuit; il faut aussi exiger que les bâtiments à vapeur soient munis de ces fanaux et en fassent usage, quand ils naviguent de nuit dans des parages fréquentés en dehors des ports. Les permis de navigation que vous délivrerez devront contenir, au besoin, des prescriptions de ce genre, qui seront nécessairement concertées avec le préfet maritime de la circonscription.

Les bateaux sont d'ailleurs soumis à l'inspection et à la surveillance de police journalière des autorités locales, aux points de départ et d'arrivée aussi bien que dans les lieux de relâche intermédiaires. En cas d'avaries qui seraient de nature à compromettre la sûreté de la navigation, ces autorités pourront, en vertu de l'article 55, suspendre la marche du bateau, sauf à en donner avis sur-le-champ au préfet du département. Si ce cas se présentait, vous réclameriez l'examen et l'avis de la commission de surveillance du port le plus voisin du point où se trouverait alors le navire.

Il est pourvu, par les articles 56 et 57, à la surveillance des bateaux à vapeur dans les ports de nos colonies et dans les ports étrangers. Elle sera exercée, dans les premiers, par des commissions spéciales instituées par les gouverneurs des colonies, et, dans les seconds, par les consuls et agents consulaires français, qui se feront assister de tels hommes de l'art qu'ils jugeront à propos de désigner.

— Les chaudières et cylindres des machines à vapeur placées à bord des bateaux qui naviguent sur mer sont soumis aux mêmes conditions, et doivent être pourvus des mêmes appareils de sûreté que les chaudières et cylindres des bateaux qui naviguent sur les fleuves et rivières. J'ajouterai donc seulement à ce que renferme à ce sujet la circulaire du 26 juillet 1843 l'indication de quelques faits qui se sont produits depuis cette époque.

Le manomètre à air libre n'est prescrit que pour les chaudières dans lesquelles la pression effective de la vapeur ne dépasse pas deux atmosphères, c'est-à-dire qui sont timbrées pour une pression de trois atmosphères ou au-dessous.

On a construit, dans ces derniers temps, des manomètres à air libre repliés, à plusieurs colonnes de mercure séparées par des colonnes d'eau, et qui peuvent accuser des pressions de six à sept atmosphères, tout en conservant des dimensions qui permettent de les adapter à des chaudières de bateaux et même à des chaudières de machines locomotives.

Ces manomètres, construits en fer, sauf un tube en verre de 0m25 à 0m30 de longueur, qui contient l'extrémité de la dernière colonne de mercure pressée directement par l'atmosphère, paraissent peu susceptibles de se déranger; ils sont plus exacts et moins fragiles que les manomètres à air comprimé. On pourra donc en recommander l'emploi aux armateurs de bateaux (1).

— L'usage des chaudières à tubes intérieurs pour la circulation de la flamme et de la fumée devient, de jour en jour, plus fréquent sur les bateaux à vapeur. Ces chaudières, ainsi que cela est rappelé dans la circulaire du 26 juillet 1843, doivent être soumises, comme les autres, à une pression d'épreuve triple de la pression effective de la vapeur dans leur intérieur, sauf les exceptions prévues en ce qui concerne les chaudières ayant des faces planes, et dans lesquelles cette pression effective ne dépasse pas 1/2 atmosphère.

L'expérience a fait voir que les tubes intérieurs en cuivre rouge de 0 m. 15 à 0 m. 20 de diamètre et de 2 à 3 mètres de longueur, adaptés à des chaudières à haute pression, étaient aplatis par la pression d'épreuve indiquée ci-dessus, même lorsque leur épaisseur était supérieure à celle qui est fixée par l'article 20 pour les parois des chaudières ou bouilleurs cylindriques en tôle ou en cuivre laminé, qui seraient remplis d'eau. Comme on ne peut admettre que la sûreté des voyageurs soit suffisamment garantie lorsque les chaudières ont des tubes d'un aussi grand diamètre et aussi peu résistants, l'administration a été dans la nécessité de prescrire le remplacement des tubes en cuivre rouge dont il s'agit par des tubes en tôle ou en fer étiré, qui résistent beaucoup mieux à une pression extérieure, et qui, en outre, coûtent moins cher que ceux en cuivre. Il serait avantageux, pour ajouter à l'étendue de la surface de chauffe, et obtenir ainsi une transmission plus facile de la chaleur à l'eau, en même temps que pour accroître la résistance à l'écrasement, de diminuer le diamètre des tubes et d'en augmenter le nombre. Ainsi, il serait

(1) Voir la circulaire du 16 mars 1846, relative aux chaudières des machines locomotives, à la suite de laquelle se trouve la description de ces manomètres repliés.

Voir la note qui accompagne l'article 31 de l'ordonnance du 17 janvier 1846.

convenable que les tubes en tôle ou en fer étiré n'eussent jamais plus de 0 m. 10 de diamètre. Néanmoins, l'ordonnance du 17 janvier, dans le but de laisser à l'industrie toute la liberté d'action compatible avec la sûreté publique, n'a fixé de règles positives ni sur les dimensions des tubes ni sur la nature du métal; mais elle exige que les chaudières présentent les garanties de solidité nécessaires, et la résistance à l'épreuve sous une pression triple doit être placée en première ligne. Il était toutefois utile de signaler ici le défaut de résistance des tubes d'un grand diamètre en cuivre rouge, et d'indiquer comment les constructeurs de chaudières tubulaires pourront parer à cette difficulté.

— Je vous invite à m'adresser copie de chacun de vos arrêtés portant permis de navigation maritime. Au nombre des indications qu'il doit contenir, aux termes de l'article 10 de l'ordonnance se trouve celle du service auquel le bateau est destiné, ce qui comprend la mention des ports d'arrivée et de relâche intermédiaires. Il conviendra d'y indiquer aussi les dispositions particulières qui auront été adoptées pour approprier le bâtiment au service des passagers, dans le cas où il serait destiné à ce service ; les précautions employées pour prévenir les incendies ou faciliter les moyens de les limiter et de les combattre ; les mesures de sûreté spéciales qui auront pu être prises contre les voies d'eau qui résulteraient d'une collision, d'un choc contre un écueil ou de toute autre cause ; enfin la composition de la partie de l'équipage qui est chargée du service des appareils à vapeur.

— L'article 39 dispose que le capitaine, indépendamment du brevet soit de capitaine au long cours, soit de maître au cabotage, dont il devra être pourvu, en raison de la destination du bâtiment, devra justifier qu'il possède les connaissances nécessaires pour diriger la marche d'un bâtiment à vapeur et surveiller les opérations du mécanicien. Il est en effet indispensable que le capitaine, qui a sous ses ordres le mécanicien et les chauffeurs, comme tout le reste de l'équipage, ait la capacité nécessaire pour exercer une surveillance efficace sur les appareils moteur et propulseur, et pour donner pendant la traversée tous les ordres convenables, dans les diverses circonstances qui peuvent se présenter. Il doit donc être à même de vérifier, avant le départ, si la machine et les chaudières sont en ordre, si celles-ci sont munies de tous les appareils de sûreté prescrits, si le bâtiment est suffisamment approvisionné de combustible pour la traversée. Il doit savoir quels sont les soins à prendre et les manœuvres à ordonner, au départ, ainsi qu'à l'arrivée et pendant la marche, pour tirer le meilleur parti possible de la machine à vapeur, de l'appareil propulseur du navire et de l'impulsion du vent au moyen de la voilure. Il doit surveiller la conduite des feux et de la machine, et, par conséquent, être à même de reconnaître si la machine est dérangée et si les extractions d'eau salée des chaudières sont pratiquées convenablement.

Quant au mécanicien, il faut qu'il ait déjà acquis, par un certain temps de service en qualité de chauffeur, d'aide ou d'apprenti mécanicien, l'expérience et l'habitude nécessaires pour la conduite prompte et sûre d'une machine à vapeur; qu'il connaisse toutes les parties qui entrent dans la composition de cette machine et le rôle de chacune d'elles; qu'il ait surtout une connaissance exacte des diverses pièces de l'appareil alimentaire, de tous les appareils de sûreté, des soupapes ou tiroirs servant à la distribution de la vapeur, et des mécanismes qui leur impriment le mouvement; qu'il soit capable d'entretenir la machine en bon état, par exemple, de refaire ou de réparer un joint qui viendrait à perdre, de remettre en ordre une soupape ou un tiroir dérangés, de remplacer une pièce de rechange; enfin qu'il puisse démonter et remonter la machine pièce à pièce, sinon forger et ajuster lui-même les pièces qui la composent. Il faut aussi qu'il sache bien quelles sont les précautions à prendre lorsque les chaudières sont alimentées avec de l'eau de mer; il doit posséder à fond les détails de l'instruction pratique annexée à la présente ordonnance.

Les conditions de capacité à exiger du mécanicien devront naturellement être plus sévères lorsque le bâtiment à vapeur sera destiné à faire de longs voyages, tels que la traversée de l'Atlantique. Dans ce cas, il importe que ce mécanicien soit un ouvrier ajusteur très habile, capable de faire lui-même ou de faire faire sous sa direction, à la machine et même aux chaudières, des réparations importantes; qu'il ait avec lui des aides; que des pièces de rechange et un assortiment d'outils d'ajustage fassent partie de l'armement du navire. Conformément à l'article 38, il doit y avoir à bord, indépendamment du capitaine, au moins un mécanicien et autant de chauffeurs que le service de l'appareil moteur l'exigera. Vous devrez donc, avant de délivrer le permis de navigation, demander qu'on vous fasse connaître la composition de la partie de l'équipage chargée du service de la machine et des chaudières. Pour les bâtiments destinés à de longues traversées, le permis de navigation fixera le nombre et la qualité des chauffeurs. Parmi ces derniers, il est très désirable qu'il se trouve un bon ouvrier chaudronnier, de manière à ce que tous les besoins du service soient assurés.

Les armateurs sont tenus de désigner au préfet les personnes qu'ils veulent employer comme capitaines ou mécaniciens. Le préfet chargera soit la Commission de surveillance, soit toutes autres personnes à ce compétentes, de les examiner conformément aux programmes qui précèdent, à moins que l'on ne produise des certificats auxquels il juge que toute confiance doive être donnée, et qui témoignent que les personnes qui les ont obtenus ont les connaissances nécessaires et satisfont aux conditions requises. Dans tous les cas, les candidats pour les emplois dont il s'agit ne pourront servir sur les bateaux à vapeur qu'autant que ces certificats, ou ceux qui leur auront été délivrés après l'examen spécial indiqué ci-dessus, seront revêtus du visa du préfet. Les capitaines ou les mécaniciens porteurs de ces certificats pourront servir sur un autre bâtiment que celui où ils auront été d'abord employés, à la charge, par les chefs de la nouvelle entreprise, d'en faire la déclaration au préfet, et, de la part du capitaine ou du mécanicien, de soumettre à son visa les certificats dont il vient d'être fait mention.

Le préfet ne donnera le visa mentionné ci-dessus qu'après avoir pris des informations précises sur les services antérieurs du porteur des certificats ; il refuserait le visa dans le cas où le porteur se serait rendu coupable de fautes ou de négligences graves, ou bien aurait fait preuve d'incapacité depuis la délivrance du certificat soumis au visa.

— Les propriétaires de bateaux actuellement autorisés devront se pourvoir, dans un délai de trois mois, à dater de la promulgation de l'ordonnance, pour obtenir de nouveaux permis. Je vous invite à tenir la main à l'exécution de cette disposition.

— Je joins à cette circulaire l'instruction pratique dont il est fait mention dans l'article 60; elle devra être, conformément au même article, affichée à demeure dans le local des machines et chaudières. Un exemplaire en placard de cette instruction est également ci-joint.

— Chaque année, vous aurez à m'adresser un tableau statistique des bâtiments à vapeur naviguant sur mer qui auront été permissionnés dans votre département.

— Je vous prie de m'accuser réception de la présente circulaire, dont je vous transmets des expéditions pour les membres des Commissions de surveillance instituées dans les ports de mer de votre département.

CIRCULAIRE

DU MINISTRE DES TRAVAUX PUBLICS AUX PRÉFETS

(10 août 1880.)

MONSIEUR LE PRÉFET,

Mon attention a été appelée sur les difficultés et les inconvénients que présente l'application des articles 80 de l'ordonnance du 23 mai 1843, sur la navigation à vapeur fluviale, et 58 de l'ordonnance du 17 janvier 1846, réglementant la navigation à vapeur maritime.

Les progrès de la métallurgie, l'expérience acquise par les constructeurs, l'exemple des marines étrangères et de notre marine nationale ont, depuis longtemps, déterminé l'Administration à autoriser de nombreuses dérogations à ces ordonnances. Mais ces dérogations ne sont admises qu'à la suite d'une demande présentée, dans chaque cas, par l'intéressé, examinée par la Commission de surveillance, transmise par le Préfet au Ministre et accueillie ou rejetée par celui-ci après avis de la Commission centrale des machines à vapeur. Cette instruction entraîne des délais fort longs.

Pour remédier à la situation, en attendant la promulgation des deux nouveaux règlements d'administration publique destinés à remplacer ceux de 1843 et 1846, j'ai, conformément à l'avis de la Commission centrale des machines à vapeur, arrêté une mesure dont l'importance ne vous échappera pas.

Vous pourrez désormais délivrer immédiatement des permis de navigation quand les Commissions de surveillance se seront prononcées en faveur de dérogations admises, en principe, par les articles 80 et 58 précités. Ces permis seront définitifs, lorsque les dérogations rentreront dans l'un des cas pour lesquels j'ai spécialement arrêté les dispositions suivantes :

I. — Les cylindres en fonte des machines à vapeur et les enveloppes en fonte de ces cylindres sont dispensés de l'épreuve à la pompe de pression.

II. — Pour les chaudières neuves, remises à neuf ou refondues, la surcharge d'épreuve est égale à la pression effective indiquée par le timbre, sans jamais être inférieure à un demi-kilogramme par centimètre carré, ni supérieure à six kilogrammes.

Dans les autres cas de renouvellement d'épreuve, la surcharge est égale à la moitié de la pression effective indiquée par le timbre, sans jamais être inférieure à un quart de kilogramme, ni supérieure à trois kilogrammes.

En cas de contestation touchant la quotité de la surcharge d'épreuve, vous auriez à statuer, sur l'avis de la Commission de surveillance.

Les ordonnances sur les bateaux à vapeur évaluent la pression en atmosphères absolues ; il ne sera pas difficile d'y ajouter, s'il y a lieu, les surcharges comptées en kilogrammes par centimètre carré ; d'ailleurs, il n'y aurait aucun inconvénient, dans la pratique, à substituer, dans les règles énoncées ci-dessus, l'atmosphère au kilogramme. Déjà, beaucoup de chaudières de bateaux sont timbrées en kilogrammes de pression effective, à l'instar des chaudières fonctionnant à terre : c'est pourquoi les deux unités ont été indiquées.

III. — De même que pour ces dernières, il ne sera pas fixé, pour les chaudières de bateaux, de minimum aux épaisseurs des parties cylindriques non armées, les seules qui étaient assujetties à cette règle. Cette liberté ne dégénérera pas en abus, car la chaudière devra satisfaire à deux conditions principales :

1° Subir l'épreuve avec succès, la pression devant être maintenue pendant le temps nécessaire à l'examen de la chaudière, dont toutes les parties doivent pouvoir être visitées ;

2° Ne pas présenter de conditions dangereuses. A cet effet, lorsque la Commission de surveillance (ou l'ingénieur, suivant le cas), après un examen personnel sur place, juge qu'à raison de sa disposition, de son mode de construction ou de toute autre cause, la chaudière présente quelque danger (et ici il convient de prendre en considération l'épaisseur et la qualité du métal), elle procède néanmoins à l'épreuve, mais elle fait part de ses observations à la personne qui a demandé l'épreuve. Si cette communication n'aboutit pas à un accord, vous auriez, Monsieur le Préfet, à statuer conformément aux articles respectifs 12 et 11 des ordonnances de 1843 et de 1846.

IV. — Les soupapes de sûreté pourront être chargées par des ressorts, à la condition qu'un taquet, ou bague d'arrêt, invariablement fixé à la monture de l'appareil, empêche de tendre le ressort au delà de la pression qui ne doit pas être dépassée. Ce mode de chargement des soupapes devra être vérifié par les Commissions de surveillance.

V. — L'obligation de poser les deux soupapes à la plus grande distance possible l'une de l'autre n'est pas maintenue.

VI. — Chaque bateau devra être muni de deux pompes, chacune d'une puissance suffisante pour alimenter toutes les chaudières. La pompe qui n'est pas mue par la machine peut être un injecteur ou tout autre appareil efficace.

VII. — On pourra exiger, pour indiquer le niveau de l'eau, soit deux tubes en verre convenablement éloignés l'un de l'autre, soit un tube et un système de robinets étagés, remplissant les mêmes conditions d'éloignement.

Si d'autres exceptions étaient proposées par la Commission de surveillance, vous auriez à délivrer un permis révocable, qui sera soumis à mon approbation. Le permis revêtira la forme définitive si cette approbation est obtenue; dans le cas contraire, le propriétaire du bateau devra faire disparaître les conditions exceptionnelles qui n'auront pas été admises; le permis sera suspendu jusqu'à ce qu'il s'y soit conformé.

Je vous serai obligé de m'accuser réception de la présente circulaire, que j'adresse directement aux Commissions de surveillance des bateaux à vapeur, aux ingénieurs des mines et aux ingénieurs des ponts et chaussées.

Bar-le-Duc. — Typ. L. Philipona et Cᵉ. — 2..

MANUEL DES LOGEMENTS

ET DES

RÉQUISITIONS MILITAIRES

(Législation, Réglementation, Jurisprudence, Explications)

A L'USAGE DES MUNICIPALITÉS ET DE L'ARMÉE

PAR JULES REYBET

AUTEUR DU

Répertoire général des attributions et de la compétence des maires et des conseils municipaux

BAR-LE-DUC

TYPOGRAPHIE DES CÉLESTINS — BERTRAND

—

1879

www.ingramcontent.com/pod-product-compliance
Ingram Content Group UK Ltd.
Pitfield, Milton Keynes, MK11 3LW, UK
UKHW020219200726
13856UKWH00004B/1483

9 782013 419468